上海市中小学校园食品安全读本

小·学
低年级版

U0198455

上海市学生活动管理中心
上海市科技艺术教育中心

上海科学技术文献出版社
Shanghai Scientific and Technological Literature Press

图书在版编目（CIP）数据

上海市中小学校园食品安全读本: 小学低年级版 / 上海市学生活动管理中心等编. –– 上海：上海科学技术文献出版社, 2018

ISBN 978-7-5439-7734-1

Ⅰ.①上… Ⅱ.①上… Ⅲ.①食品安全 – 儿童读物 Ⅳ.①TS201.6-49

中国版本图书馆CIP数据核字（2018）第180324号

责任编辑：应丽春

上海市中小学校园食品安全读本·小学低年级版

上海市学生活动管理中心
上海市科技艺术教育中心 编

本书全部图片由上海市食品研究所（食品与生活杂志社）提供

出版发行：上海科学技术文献出版社
上海市长乐路746号　　邮政编码 200040
http://www.sstlp.com
印　　刷：上海华教印务有限公司
开　　本：787×1092毫米　　1/16开
印　　张：6.5
版　　次：2018年 8 月第1版　2018年 8 月第1次印刷
订购电话：188 1825 8856

ISBN 978-7-5439-7734-1　　　　　　定价：25.80 元

食物是人类维持生命、生长发育和健康的重要物质基础。随着我国人民生活水平不断提高，居民营养健康状况明显改善，但仍面临营养不足与过剩并存、营养相关疾病多发、营养健康生活方式尚未普及等问题。

民以食为天，食以安为先。食品的安全与人民群众的健康密切相关，也是近几年各级政府部门和社会各界关注的问题。而青少年的身心健康更是重中之重，不仅关系到个人成长、家庭幸福，而且关系到整个国民健康素质，关系到中华民族未来的竞争力。因而，提高中小学生食品安全知识水平是教育部门的一项重要工作。

根据上海市教育委员会《上海市中小学健康教育实施方案》和中共上海市委办公厅、上海市人民政府办公厅印发的《上海市建设市民满意的食品安全城市行动方案》，我们组织编写了《上海市中小学校园食品安全读本》，希望学生能够掌握正确的膳食营养与食品安全知识，合理选择食物，并掌握日常生活中食品安全知识，健康成长，并受益终身。

上海市中小学校园食品安全读本编委

组织编写单位
上海市学生活动管理中心

主编
丁力 陆晔 顾振华

策划统筹
徐嘉清 时多 徐新

编委
王力强 王瑾 李欣 侯建星
姜培珍 施爱珍

文字编辑
都卫 沈一萍 司慧 张标新

版式设计
王婧

插画
南海荷子

小学低年级版

目 录
CONTENTS

第一章
养成健康的饮食习惯

第二章
认识营养素

第三章
认识各类食物

第四章
食品安全常识

第一章

养成健康的饮食习惯

饭前便后
要洗手

不吃腐败
变质食物

不在马路上吃东西
不贪食

生吃瓜果要洗净

个人饮食
需要注意事项

饭前便后要洗手。

不在马路上吃东西，不贪食。

不吃腐败变质的食物。

少吃零食，生吃的瓜果要洗净。

不吃腐烂的水果。

足量饮水

每天少量多次、足量喝水。水是人体最主要的组成部分，青少年每天要喝 800~1000mL 的水。天气炎热或运动时出汗较多，应增加饮水量。饮水时应少量多次，不能感到口渴时再喝，可以在每个课间喝水 100~200mL 左右。

不能喝生水，因为生水中含有肠杆菌和蛔虫卵，可引起肠道微生物传染病（肠炎、痢疾、伤寒等）以及肠道寄生虫病（蛔虫病等）。

不喝或少喝含糖饮料

多数饮料含有大量的添加糖，要尽量做到少喝或不喝含糖饮料。

不能用饮料替代饮用水。

选择饮料时，要学会查看食品标签中的营养成分表，选择"碳水化合物"或"糖"含量低的饮料。

天天喝奶

为满足骨骼生长的需要，要保证每天摄入奶及奶制品 300mL 或相当量奶制品，可以选择鲜奶、酸奶、奶粉或奶酪。同时要积极参加体育活动，促进钙的吸收和利用。

不喝生水

每天要喝 X8

1. 将袖管卷起

2. 打开水龙头，将两只手都放在水龙头下充分浸湿

3. 涂抹洗手液或者香皂

4. 掌心相对，双手手指并拢并相互摩擦

5. 一手握另一手大拇指，旋转摩擦，交替进行

6. 搓洗手腕，交替进行

7. 打开水龙头，双手摩擦，将手上泡沫冲洗干净

8. 在流水下搓洗手腕

9. 将手腕的泡沫也冲洗干净

本版照片由上海市静安区金鹏托儿所提供

不吃学校周边流动摊贩的食物

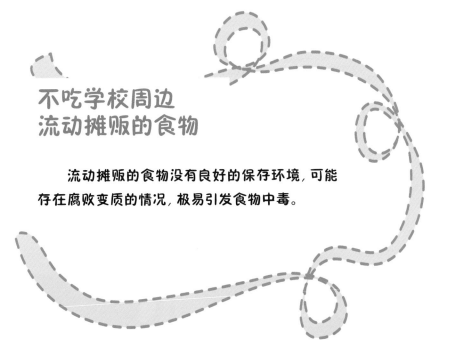

流动摊贩的食物没有良好的保存环境，可能存在腐败变质的情况，极易引发食物中毒。

回家吃

妈妈我要吃

特色小吃便宜又好吃

吃饭要定时定量

　　一日三餐的时间应相对固定，做到定时定量，进餐时细嚼慢咽。早、中、晚餐提供的能量比例应该为3:4:3。午餐在一天中起着承上启下的作用，要吃饱吃好。晚餐要适量。要少吃高盐、高糖或高脂肪的快餐。如果要吃快餐，尽量选择搭配蔬菜、水果的快餐。

　　儿歌：

　　一日三餐不可少，定时定量要记牢。

　　早吃好，午吃饱，晚餐适量身体好。

吃好早餐很重要

　　经过一夜的睡眠，大脑急需营养。有同学早上起床后来不及吃早餐便去上学，对大脑损害非常大，长此以往还会影响大脑发育。早上也是学习记忆的高峰时期，大脑的营养如果得不到补充，会影响学习效率。

　　每天吃早餐，并保证早餐的营养充足。一顿营养充足的早餐至少应包括以下三类及更多类型食物。

　　1. 谷薯类：谷类及薯类食物，如馒头、花卷、面包、米饭、米线等。

　　2. 肉蛋类：鱼禽肉蛋等食物，如蛋、猪肉、牛肉、鸡肉等。

　　3. 奶豆类：奶及其制品、豆类及其制品，如牛奶、酸奶、豆浆、豆腐脑等。

　　4. 果蔬类：新鲜蔬菜水果，如菠菜、西红柿、黄瓜、西兰花、苹果、梨、香蕉等。

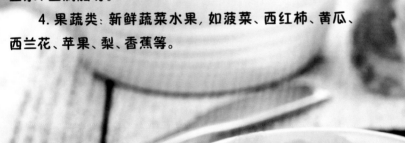

不要边吃饭边看书或电视

边吃饭边看书或电视，容易引起消化系统疾病。

提醒学生每坐 1 小时，都要进行身体活动。

不在卧室摆放电视、电脑，减少使用手机、电脑。

看电视时间，每天不超过 2 小时，越少越好。

小学生要每天保证 10 小时的睡眠。

合理选择零食

选择卫生、营养丰富的食物做零食：水果和能生吃的新鲜蔬菜含有丰富的维生素、矿物质和膳食纤维；奶类、大豆及其制品可提供丰富的蛋白质和钙；坚果，如花生、瓜子、核桃等富含蛋白质、多不饱和脂肪酸、矿物质和维生素 E。

谷类和薯类，如全麦面包、麦片、煮红薯等也可做零食。油炸、高盐或高糖的食品不宜做零食。巧用营养标签挑选零食。

吃零食的量以不影响正餐为宜，两餐之间可以吃少量零食，最好与正餐相隔 1.5 ~ 2 个小时，不能用零食代替正餐。饭前饭后 30 分钟内不宜吃零食，不要看电视时吃零食，也不要边玩边吃零食，睡觉前 30 分钟不吃零食。吃零食后要及时刷牙或漱口。

合理选择快餐

大多数快餐在制作过程中用油、盐等调味品较多。尽量少在外就餐。

尽量选择含蔬菜、水果相对比较丰富的快餐，少吃含能量、脂肪或糖高的食品。如果某餐食用含油炸食品比较多的快餐，其他餐次要适当减少主食和动物性食物的食用量，多吃新鲜蔬菜和水果。

挑食、偏食、暴饮暴食危害大

挑食、偏食易导致营养不良，影响生长发育和健康。
避免盲目节食或采用极端的减肥方式控制体重。
避免暴饮暴食，遵循进餐规律，减缓进食速度。
用容量固定的餐具进餐，形成定量进餐的习惯。

刚吃饱饭，
不要马上做运动！

饭后不宜马上进行剧烈活动

　　刚吃过饭，胃里充满了食物，剧烈运动会影响胃肠正常消化，可引起腹痛、恶心、呕吐等，长期如此还会引起消化不良和胃病。

细嚼慢咽好处多

　　养成细嚼慢咽的好习惯，对于保护牙齿健康、防病防癌以及帮助消化吸收都是大有益处的。狼吞虎咽的进食习惯有百害而无一利，应当及时改掉。每次午餐时间至少 20 分钟。

1. 保护肠胃

　　细嚼慢咽可以使唾液分泌量增加，咀嚼的时间越充分，分泌的唾液就越多，可以中和过多的胃酸，减少胃酸对胃黏膜的伤害。

2. 有益口腔

　　进餐速度过快过猛，易咬伤舌头和腮帮，引起口腔溃疡，对口腔、牙齿和牙床有所损害。细嚼慢咽可促使牙龈表面角质变化，加速血液循环，提高牙龈的抗病能力。

　　当食物在口腔中反复咀嚼时，牙齿表面还会受到唾液的反复冲洗，增强牙齿的自洁作用，有助于防治牙病。

3. 有助吸收

口腔唾液中含有水分、蛋白酶、淀粉酶、溶菌酶和各种电解质成分,淀粉酶可以使食物中的淀粉分解成麦芽糖,进行初步消化。咀嚼充分的食物会与唾液混合成润滑的食团,便于吞咽和通过食管,不会对食管和胃黏膜造成负担。

从营养角度来看,只喝果汁、蔬菜汁,不吃水果和蔬菜也是不对的。这些食物没有经过咀嚼,没有与唾液充分接触,营养成分的吸收就会大打折扣。

5. 减肥

食物进入人体一定时间后,血糖会升高到一定水平,大脑食欲中枢就会发出停止进食的信号。如果进食过快,当大脑发出停止进食的信号时,往往已经吃了过多的食物。

细嚼慢咽能使血液中的葡萄糖含量增加,在吃过量食物之前就会有吃饱了的感觉,所以有节食减肥的作用。

4. 健脑

细嚼慢咽,可以使脸部肌肉得到运动和锻炼,有助于刺激大脑,激活大脑功能,记忆力、思考力和注意力都会得到相应的提升。

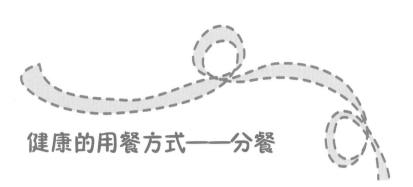

健康的用餐方式——分餐

　　分餐制是安全、卫生、健康的用餐方式。分餐制的形式有多种，在集体用餐时，可以采用一人一份饭菜的方式，同坐一张桌，各人吃各人的；也可以采用公筷、公勺等方式，每人一副餐具，大家用公筷、公勺将菜、汤放入自己的菜碟或汤碗中。

　　医学研究证实，慢性胃炎、胃癌都与幽门螺杆菌感染有关。幽门螺杆菌主要寄生在胃黏膜，在口腔、牙垢和唾液中也可检出。当人们共用餐具进餐时，就可能相互传染。中国人饮食不分餐，喜欢相互夹菜等习惯，会增加幽门螺杆菌的传播风险。流行病学研究表明，幽门螺杆菌感染以家庭聚集情况居多，我国成人感染率在50%以上。"甲肝"等消化道传染病也可以通过共用餐具传播。

　　分餐制不仅能防止餐桌上的交叉感染，而且还可以通过按需制定食物量，合理膳食，达到合理营养的要求。同时，可以避免过多剩菜的产生造成食物的浪费。

　　实行分餐制，还要与餐具消毒结合起来。公用食具必须经过严格消毒后才能使用。

如何做到不浪费食物

按需选购，合理储存。购买食物前做好计划，尤其是保质期短的食物。根据就餐实际情况按需购买，既保证新鲜又避免浪费。

小分量、合理备餐。一次烹饪的食物不宜太多，应根据就餐成员的数量和食量合理安排。

学会利用剩余饭菜。对于餐后剩余肉类食物，应用干净的器皿盛放并尽快加盖冷藏保存。再次利用剩饭最好是直接加热使用，也可做成粥或者炒饭，一定注意在安全卫生的前提下食用。

简餐分餐，减少铺张浪费。买需要的食物；小份的食物；点餐要适量；分餐不铺张；剩余要打包；吃好不过量。

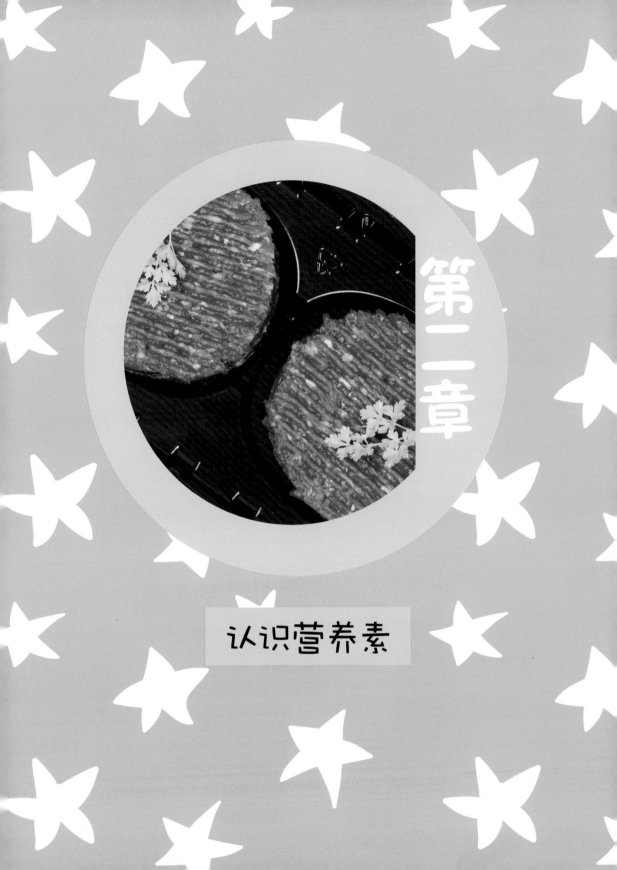

第二章

认识营养素

蛋白质

蛋白质的作用

蛋白质是人体的重要组成部分。

蛋白质的构成

蛋白质的基本构成单位是氨基酸。

构成人体蛋白质的氨基酸有 20 种,其中 8 种是人体必需氨基酸,不能自身合成,必须通过食物获得。它们是异亮氨酸、亮氨酸、赖氨酸、蛋氨酸、苯丙氨酸、苏氨酸、色氨酸、缬氨酸。

蛋白质的食物来源

    蛋白质的动物性食物来源：蛋、奶、肉、鱼等。

    蛋白质的植物性食物来源：豆及豆制品等。

蛋白质导致的食物过敏

    蛋白质是很容易引起过敏的一种成分。

几种食物蛋白质的消化率（%）

食物	真消化率(%)	食物	真消化率(%)	食物	真消化率(%)
鸡蛋	97±3	大米	88±4	大豆粉	87±7
牛奶	95±3	面粉（精制）	96±4	菜豆	78
肉、鱼	94±3	燕麦	86±4	花生酱	88
玉米	85±6	小米	79	中国混合膳食	96

摘自 WHO Technical Report Series 724，第 119 页，1985 年。

脂类

脂肪的作用和分布

人体内脂肪主要分布于腹腔、皮下和肌肉纤维之间。它们可以贮存和提供热量，维持人体体温。

脂肪的构成

从分子结构来看，脂肪可分为饱和脂肪酸和不饱和脂肪酸；从构成来看，脂肪包括脂肪酸、磷脂和胆固醇。

动物脂肪中含饱和脂肪酸和单不饱和脂肪酸较多。

脂肪的食物来源

人类食物中脂肪的主要来源是动物的脂肪组织和植物的种子。

植物油、海生动物和鱼富含不饱和脂肪酸。

含磷脂较多的食物为蛋黄肝脏、大豆、麦胚和花生等；含胆固醇丰富的食物为动物脑、肝、肾等。

部分食物的脂肪含量

食物名称	脂肪含量（g/100g）	食物名称	脂肪含量（g/100g）
猪肉（肥）	90.4	鸡腿	13.0
猪肉（肥瘦）	37.0	鸭	19.7
猪肉（后臀尖）	30.8	草鱼	5.2
猪肉（后蹄髈）	2 8.0	带鱼	4.9
猪肉（里脊）	7.9	大黄鱼	2.5
猪蹄爪尖	20.0	海鳗	5.0
猪肝	3.5	鲤鱼	4.1
猪大肠	18.7	鸡蛋	11.1
牛肉（瘦）	2.3	鸡蛋黄	28.2
羊肉（瘦）	3.9	鸭蛋	18.0
鹌鹑	9.4	核桃	58.8
鸡	2.3	花生（炒）	48.0
鸡翅	11.8	葵花籽（炒）	52.8

脂肪的危害

脂肪摄入过多，可导致肥胖、心血管疾病、高血压等。

植物奶油中含少量反式脂肪酸，对心脏不好，不能多吃。

碳水化合物

碳水化合物的作用

碳水化合物可为人体提供能量。

膳食纤维也是一种碳水化合物,可以增强肠道功能,有利粪便排出、控制体重和减肥;还有利于降低血糖和胆固醇、预防结肠癌等。

碳水化合物的食物来源

富含碳水化合物的食物主要是谷物类食物,如大米、小麦等。

富含膳食纤维的食物有豆类、谷类、新鲜的水果和蔬菜等。

食物碳水化合物经消化吸收后,使血糖明显升高。血糖指数(简称 GI)是指含 50g 可利用碳水化合物的食物与相当量的

葡萄糖在一定时间（一般为2小时）体内血糖反应水平的百分比值，反应食物与葡萄糖相比升高血糖的速度和能力。餐后血糖升高速度的快慢对不同健康水平和生理需要不同的人，有着重要的意义。食物GI不同与其含碳水化合物的种类、数量有关。

常见食物的血糖指数（GI）

食物名称	GI	食物名称	GI
葡萄糖	100	面包	87.9
蔗糖	65.0±6.3	藕粉	32.6
果糖	23.0±4.6	可乐	40.3
乳糖	46.0±3.2	酸奶	48.0
麦芽糖	105.0±5.7	牛奶	27.6
白糖	83.8±12.1	花生	14.0
蜂蜜	73.5±13.3	山药	51.0
巧克力	49.0±8.0	南瓜	75.0
馒头	88.1	四季豆	27.0
熟甘薯	76.7	扁豆	38.0
熟土豆	66.4	绿豆	27.2
面条	81.6	大豆	18.0
大米	83.2	豌豆	33.0
烙饼	79.6	鲜桃	28.0
苕粉	34.5	香蕉	52.0
荞麦面条	59.3	苹果	36.0
小米	71.0	猕猴桃	52.0
胡萝卜	71.0	菠萝	66.0
玉米粉	68.0	柑	43.0
大麦粉	66.0	葡萄	43.0
油条	74.0	柚子	25.0
饼干	47.1	梨	36.0
荞麦	54.0	西瓜	72.0
糯米	66.0		

资料来源：葛可佑.《中国营养科学全书》[M]. 北京：人民卫生出版社，2004.

小学低年级版

矿物质

认识矿物质

人体必需的矿物质可分为常量元素和微量元素。

常量元素如钙 (gài) 、磷 (lín)、钠 (nà)、钾 (jiǎ)、氯 (lǜ)、镁 (měi)、硫 (liú)7 种。

铁 (tiě)、铜 (tóng)、锌 (xīn)、硒 (xī)、铬 (gè)、碘 (diǎn)、锰 (měng)、钴 (gǔ) 和钼 (mù) 9 种微量元素，是维持正常人体生命活动不可缺少的必需微量元素。

钙在人体的分布：钙是人体含量最高的矿物质元素，约 99% 集中在骨骼和牙齿中。

钙的食物来源：虾、芝麻、牛奶等。

缺钙的表现：儿童长期缺乏钙和维生素 D 可导致生长发育迟缓，骨软化、骨骼变形，严重缺乏者可导致佝偻病，出现 O 型或 X 型腿、鸡胸等症状；儿童缺钙可能导致侏儒症等；缺钙者易患龋齿。

钙

含钙丰富的食物   （mg/100g）

食物	含量	食物	含量	食物	含量
虾皮	991	苜蓿	713	酸枣棘	435
虾米	555	荠菜	294	花生仁	284
河虾	325	雪里蕻	230	紫菜	264
泥鳅	299	苋菜	187	海带（湿）	241
红螺	539	乌塌菜	186	黑木耳	247
河蚌	306	油菜苔	156	全脂牛乳粉	676
鲜海参	285	黑芝麻	780	酸奶	118

磷

　　磷在人体的分布：磷也是构成骨骼和牙齿的重要成分。

　　磷的食物来源：瘦肉、禽、蛋、鱼、坚果、海带、紫菜、豆类等。

　　磷过量的表现：过量的磷酸盐可引起手足抽搐和惊厥。

镁

镁的作用：促进骨骼生长和神经肌肉的兴奋性；促进胃肠道功能。

镁的食物来源：绿叶蔬菜、大麦、黑米、荞麦、麸皮、苋菜、口蘑、木耳、香菇等。

缺镁的表现：手足抽筋、心律不齐、心动过速、情绪不安、容易激动等。

铁

铁的作用：维持人体正常的造血功能。

铁的食物来源：动物性食物含有丰富的铁，如猪肝、瘦肉、鸡蛋、动物血、禽类、鱼类等。

缺铁的表现：可导致缺铁性贫血。

含铁较高的食物　　　　　　　　　　（mg/100g）

食物	含量	食物	含量	食物	含量
鸭血	30.5	蛏子	33.6	藕粉	41.8
鸡血	25.0	蛤蜊	22.0	黑芝麻	22.7
沙鸡	24.8	蜊蛄	14.5	鸡蛋黄粉	10.6
鸭肝	23.1	发菜	99.3	地衣（水浸）	21.1
猪肝	22.6	红蘑	235.1	冬菜	11.4
蚌肉	50.0	冬菇	10.5	苜蓿	9.7

锌

锌的作用：促进人体生长发育和智力发育。

锌的食物来源：贝壳类海产品（如牡蛎、海蛎肉、扇贝）、红色肉类及动物内脏等。

缺锌的表现：儿童缺锌会导致厌食、偏食或异食，免疫力下降，智商发育迟缓；儿童长期缺乏锌可导致侏儒症。

含锌较高的食物 (mg/100g)

食物	含量	食物	含量	食物	含量
小麦胚粉	23.4	山羊肉	10.42	鲜赤贝	11.58
花生油	8.48	猪肝	5.78	红螺	10.27
黑芝麻	6.13	海蛎肉	47.05	牡蛎	9.39
口蘑	9.04	蛏干	13.63	蚌肉	8.50
鸡蛋黄粉	6.66	鲜扇贝	11.69	章鱼	5.18

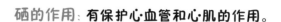

硒

硒的作用：有保护心血管和心肌的作用。

硒的食物来源：海产品和动物内脏，如鱼子酱、海参、牡蛎、蛤蛎、猪肾等。

缺硒的表现：可引起血溶性贫血、克山病、大骨节病、高血压、缺血性心脏病、肝硬化等疾病。

含硒较高的食物

（μg /100g）

食物	含量	食物	含量	食物	含量
鱼子酱	203.09	青鱼	37.69	瘦牛肉	10.55
海参	150.00	泥鳅	35.30	干蘑菇	39.18
牡蛎	86.64	黄鳝	34.56	小麦胚粉	65.20
蛤蜊	77.10	鳕鱼	24.8	花豆（紫）	74.06
鲜淡菜	57.77	猪肾	111.77	白果	14.50
鲜赤贝	57.35	猪肝（卤煮）	28.70	豌豆	41.80
蛏子	55.14	羊肉	32.20	扁豆	32.00
章鱼	41.68	猪肉	11.97	甘肃软梨	8.43

碘

碘的作用：参与甲状腺素的合成。

碘的食物来源：海产品含碘较丰富，如海带、紫菜、海参、海蜇等。

缺碘和高摄入碘的表现：缺碘可引起甲状腺肿；长期高碘摄入可导致高碘性甲状腺肿。

维生素

脂溶性维生素包括维生素 A、维生素 D、维生素 E、维生素 K。

水溶性维生素包括 B 族维生素（维生素 B_1、维生素 B_2、烟酸、维生素 B_6、叶酸、维生素 B_{12}、泛酸、生物素等）和维生素 C。

维生素 A

维生素 A 的来源：维生素 A 最好的来源是各种动物肝脏、鱼肝油、鱼卵、全奶、奶油、禽蛋等；植物性食物只能提供类胡萝卜素，胡萝卜素主要存在于深绿色或红黄色的蔬菜和水果中，如西兰花、菠菜、苜蓿、空心菜、莴笋叶、芹菜叶、胡萝卜、豌豆苗、红心红薯、辣椒、芒果、杏子及柿子等。

维生素 A 缺乏的表现：维生素 A 缺乏最早的症状是暗适应能力下降，严重者可致夜盲症；维生素 A 缺乏可引起干眼病。

维生素 D

维生素 D 的来源：经常晒太阳可获得充足有效的维生素 D_3；维生素 D 主要存在于海水鱼（如沙丁鱼）、肝、蛋黄等动物性食物及鱼肝油制剂中。

维生素 D 缺乏的表现：导致肠道吸收钙、磷减少，还可引起佝偻病。

维生素 E

维生素 E 的来源：植物油、麦胚、坚果、豆类及其他谷类。

维生素 E 缺乏的表现：**可引起生殖障碍；肌肉、肝脏、骨髓和脑功能异常；红细胞溶血等。**

维生素 B_1

　　维生素 B_1 的来源：谷类、豆类及干果类食物含量丰富，动物内脏（肝、心、肾）、瘦肉、禽蛋中含量也较高。

　　日常膳食中维生素 B_1 主要来自谷类食物的表皮和胚芽，如果米、麦碾磨过于精细及过分淘米或烹调中加碱，都会造成维生素 B_1 大量损失。

　　维生素 B_1 缺乏的表现：可引起脚气病，多发生在以精白米面为主食的地区。

维生素 B₂

维生素 B₂ 的来源：维生素 B₂ 又称"核黄素"，广泛存在于动植物性食物中，动物的肝脏、肾脏、心脏、乳汁及蛋类中含量尤为丰富，植物性食物以绿色蔬菜、豆类含量较高，而谷类含量较少。

维生素 B₂ 缺乏的表现：眼、口腔、皮肤的炎症反应。

叶酸

叶酸的来源：肝脏、肾脏、蛋、梨、蚕豆、芹菜、花椰菜、莴笋、柑橘、香蕉及坚果类。

叶酸缺乏的表现：可引起血小板减少、食欲减退、腹胀、腹泻、舌炎、乏力、手足麻木、感觉障碍、行走困难等。

维生素 B₆

维生素 B₆ 的来源：含量最高的食物为白色肉类，如鸡肉和鱼肉，其次为动物肝脏、豆类、坚果类和蛋黄等；水果和蔬菜中含量也较高，其中香蕉、卷心菜、菠菜中的含量丰富。

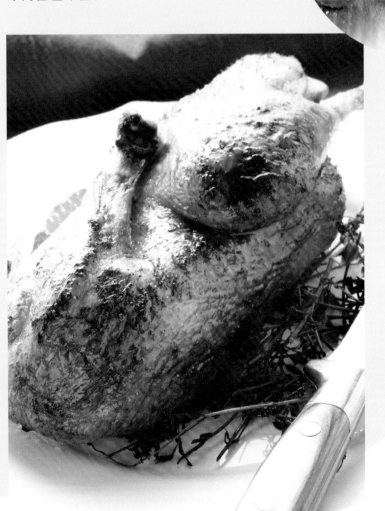

维生素 B₆ 缺乏的表现：情绪抑郁、激进和意识混乱，可致眼、鼻与口腔周围皮肤脂溢性皮炎等。

小学低年级版

维生素 B₁₂

维生素 B₁₂ 的来源：肉类、动物内脏、鱼、禽及蛋类。

维生素 B₁₂ 缺乏的表现：可能导致贫血、指甲营养不良、肢体无力、行动困难、健忘、易激动、抑郁、淡漠，还会导致呕吐、腹泻和舌炎。

烟酸

烟酸的来源：广泛存在于各种动植物性食物中，但各种谷类食物中含量较低。

烟酸缺乏的表现：以玉米为主食地区的居民易发生癞皮病，其典型症状是皮炎、腹泻、痴呆。

生物素

生物素的作用：生物素又称为"维生素H"，是合成维生素C的必要物质，是脂肪和蛋白质正常代谢不可或缺的物质。

生物素的来源：生物素广泛存在于天然食物中，含量相对丰富的食物有动物的肝、肾及大豆粉、奶类、鸡蛋（蛋黄）等。

生物素缺乏的表现：尚未见人类生物素缺乏病例。

维生素 C

维生素 C 的来源：新鲜蔬菜和水果，一般是叶菜类含量比根茎类高，酸味水果比无酸味水果含量高。

含量较丰富的蔬菜有辣椒、油菜、卷心菜、菜花、芥菜等。

含量较丰富的水果有柑橘、柠檬、柚子、草莓等。

部分野菜、野果中维生素 C 含量丰富，如苋菜、苜蓿、刺梨、沙棘、猕猴桃、酸枣等。

维生素 C 缺乏的表现：引起坏血病，儿童主要表现为骨发育障碍、肢体肿痛、假性瘫痪、皮下出血等。

第二章

认识各类食物

谷薯类
食物

认识谷薯类食物

谷类主要包括小麦、大米、玉米、高粱、荞麦、小米、燕麦等；薯类包括马铃薯、甘薯、山药等。

谷薯类食物的营养价值

人体每日所需的50% ~ 60% 的热量和50% ~ 55% 的蛋白质是由谷类食物提供的，谷类食物也是矿物质和 B 族维生素的重要来源。

大米蛋白质的质量优于玉米和小麦。

谷类食物中脂肪含量普遍较低，主要为不饱和脂肪酸，质量较好。

甘薯中含有丰富的膳食纤维。

谷薯类食物的加工方式

谷类的烹调方法有煮、焖、蒸、烙、烤、炸、炒等。不同的烹调方法会造成营养素不同程度的损失，特别是 B 族维生素。

谷类加工的精度越高，维生素损失就越多，尤以 B 族维生素损失显著。

米类食物在淘洗的过程中，特别是水溶性维生素和矿物质会有部分丢失，致使米类食物营养价值降低，浸泡的时间越长，水温越高，营养素流失就越多，因此大米不宜过度淘洗。

制作米饭，采用蒸的方法，B 族维生素的保存率高；在制作面食时，一般蒸、烤、烙的方法，B 族维生素损失较少；用高温油炸的方式烹饪，B 族维生素损失较大。

谷物摄入与人体健康的证据

全谷物可降低 2 型糖尿病、心血管疾病、结直肠癌的发病风险，可以降低体重增加的风险。

燕麦可以降低体重增加的风险。

薯类可以降低便秘的发生风险。

豆类
及其制品

认识豆制品

豆制品是以豆类作为原料制作的食物，如豆浆、豆腐、豆腐干等。

豆类及其制品的营养价值

豆类及其制品是优质蛋白质的重要来源，是植物性食物中蛋白质含量最高的食物。

大豆中蛋白质的氨基酸模式接近人体氨基酸模式，具有较高的营养价值，其中所含赖氨酸较多，蛋氨酸较少，与谷类食物混合食用，可较好地发挥蛋白质互补作用。

豆制品脂肪含量差别较大，豆腐、豆腐干等较高，豆浆等较低。脂肪以不饱和脂肪酸居多。豆类含有丰富的膳食纤维。

豆类的加工方式

经过加工的豆类蛋白质的消化率和利用率都有所提高。

干豆几乎不含维生素 C，但经发芽成为豆芽后，维生素 C 的含量明显提高。大豆经发酵工艺可制成豆腐乳、豆瓣酱、豆豉等，更易被人体消化吸收。

豆类主要存在的食品安全问题：被丝状真菌和真菌毒素污染，农药残留，有毒重金属污染，仓储害虫、有毒种子的污染，不法商贩掺杂掺假。

为什么
喝豆浆必须煮熟?

大豆含有一些抗营养因子,喝生豆浆或未煮开的豆浆后数分钟至1个小时,可能引起恶心、呕吐、腹痛、腹胀和腹泻等胃肠症状。这些抗营养因子通过加热处理可消除。所以生豆浆必须先用大火煮沸,再改用文火煮5分钟左右。

豆类摄入
与人体健康

大豆含有丰富的优质蛋白,以及钙、铁、维生素 B_1、维生素 B_2 和维生素 E。

豆浆
不能代替牛奶

豆浆和牛奶是不同种类食物,豆浆中蛋白质含量与牛奶相当,易于消化吸收,其饱和脂肪酸、碳水化合物含量低于牛奶,不含胆固醇,但豆浆中钙的含量远低于牛奶。两者各有特点,最好每天都饮用。

蔬菜类

认识蔬菜

叶菜类：主要包括白菜、菠菜、油菜、韭菜、苋菜等。

根茎类：主要包括萝卜、胡萝卜、藕、马铃薯、蒜、竹笋等。

瓜茄类：包括冬瓜、南瓜、丝瓜、黄瓜、茄子、西红柿、辣椒等。

鲜豆类：包括毛豆、豇豆、四季豆、扁豆、豌豆等。

菌藻类：常见的食用菌有蘑菇、香菇、银耳、木耳等品种。常见的藻类食物有海带、紫菜、发菜等。

蔬菜的营养价值

蔬菜是人体维生素和矿物质的主要来源，还含有较多的膳食纤维和有机酸等。

叶菜类是维生素 C、胡萝卜素、核黄素和叶酸的重要来源。

蔬菜颜色越深，营养价值也越高。深色蔬菜含有更多胡萝卜素和有益健康的植物化学物。一般来说，其排列顺序是"绿色的蔬菜→黄色、红色蔬菜→无色蔬菜"。

蔬菜的合理利用

选择新鲜、色泽深的蔬菜。

新鲜的蔬菜不宜长时间保存，食用新鲜的蔬菜营养价值更高；蔬菜应先洗后切，急火快炒、开汤下菜、炒好立即食用是减少蔬菜中维生素损失的有效措施。

蔬菜经加工可制成罐头食品、菜干、干菜等，加工过程中受损失的主要是维生素和矿物质，特别是维生素 C。

生食蔬菜在食用前应清洗干净或消毒。最好的方法是先将蔬菜在流水中清洗，然后在沸水中氽烫一下，既能杀灭致病菌及寄生虫卵，又能保证营养不流失。

深色蔬菜应该占蔬菜总量的 1/2，红、绿叶菜，十字花科蔬菜更富含营养物质。

蔬果摄入与人体健康

多摄入蔬果可降低心血管疾病的发病及死亡风险。

多摄入蔬菜可降低食管癌和结肠癌的发病风险；十字花科蔬菜可降低胃癌和结肠癌发病风险；绿叶菜可降低 2 型糖尿病发病风险。

土豆、芋头、山药、南瓜、藕等碳水化合物含量高，作为蔬菜食用的时候，要注意减少主食量。

水果类

认识水果

水果可以分为鲜果和干果。

鲜果的种类主要有：苹果、橘子、桃、李、杏、葡萄、香蕉、菠萝等。

干果的种类主要有：葡萄干、杏干、蜜枣和柿饼等。

水果的营养价值

水果主要提供维生素和矿物质。

上海市中小学校园食品安全读本

水果的合理利用

　　新鲜的水果不要长期保存，采摘后及时食用。水果在生食前应清洗干净或者在清洗后削皮食用。水果在削皮后应尽快食用，防止污染以及营养物质氧化。

　　干果便于储运，且别具风味，有一定的食用价值。

水果摄入
与人体健康

降低心血管疾病的发病及死亡风险。

降低成年女性体重增长的风险。

降低主要消化道癌症（食管癌、胃癌以及结直肠癌）的发病风险。

蔬果类主要存在的食品安全问题：**细菌及寄生虫卵的污染、农药残留、有毒重金属污染。**

何时吃水果最好

大部分人的早餐质量不高，建议可适当吃些水果。

为了控制体重，在餐前吃水果，有利于控制进餐总量。

两餐之间将水果作为零食食用，既能补充水分，又能获取丰富的营养素，获得健康效益。

怎样才能达到足量蔬果的目标？

餐餐有蔬菜（一餐的食物中，蔬菜大约占 1/2）。

天天吃水果（选择新鲜应季的水果，变换购买种类）。

蔬果巧搭配（尝试新的食谱和颜色搭配；把水果或生吃的蔬菜放在看得见拿得到的地方；自己制作水果蔬菜汁是多摄入果蔬的好办法）。

蔬菜水果不能互相替代；果汁等加工水果制品不能替代鲜果。

坚果类

认识坚果

按照脂肪含量不同，坚果可以分为油脂类坚果和淀粉类坚果。油脂类坚果包括核桃、榛子、杏仁、松子、腰果、花生、葵花籽、西瓜子、南瓜子等；淀粉类坚果包括栗子、银杏、芡实、莲子等。

坚果的营养价值

坚果富含磷、铁、钾、钠、镁、锌、硒、铜等矿物质。

坚果有益，但不宜过量食用。每天可摄入 50~70g，相当于带壳葵花籽一把半，或者核桃 2~3 个，或者板栗 4~5 个。食用原味坚果为首选。

坚果与健康的关系

降低心血管疾病的发病风险（所有坚果）。
改善血脂（核桃、杏仁、榛子、胡桃、开心果、松子、花生等坚果）。

畜禽类

认识畜禽类

畜肉是指猪、牛、羊、马、骡、驴、鹿、兔等动物的肉、内脏及其制品。

禽肉包括鸡、鸭、鹅、鸽、鹌鹑等禽类的肉、内脏及其制品。

畜禽肉的营养价值

畜禽肉的蛋白质含有人体必需的各种氨基酸,容易被人体消化吸收和利用,营养价值高,为优质蛋白质。宜与谷类食物搭配食用,以发挥蛋白质的互补作用。

畜肉的脂肪含量有较大差异,猪肉的脂肪含量最高,羊肉次之,牛肉最低;禽肉中,鸡和鹌鹑的脂肪含量较低。畜肉脂肪以饱和脂肪酸为主,禽肉脂肪含有较多的亚油酸。

动物内脏中,胆固醇含量较高。畜肉可为人体提供多种维生素,其中以 B 族维生素和维生素 A 为主。内脏中维生素 A 含量高于肉,在肝脏中的含量最为丰富,肝脏还富含核黄素。

畜禽肉中的矿物质含量,内脏高于瘦肉,瘦肉高于肥肉。畜禽肉中铁的含量以猪肝、鸭肝最为丰富。

合理烹调。多蒸煮,少炸烤;既要喝汤,更要吃肉。

畜禽肉的食用安全

未经检验检疫的肉品不准上市销售。

不要吃未烧熟煮透的畜禽肉，烹调时防止交叉污染，加热要彻底。

要少吃熏肉、火腿、香肠及腊肉等。

畜肉与健康的关系

过多摄入可增加 2 型糖尿病、结直肠癌、肥胖的发病风险，增加摄入可降低贫血的发病风险。

过多摄入可增加胃癌和食管癌的发病风险。

畜禽类主要存在的食品安全问题：微生物作用导致的腐败变质、人畜共患传染病和寄生虫病、药物（抗生素、生长促进剂和激素、瘦肉精等）残留。

水产品类

认识水产品

水产品主要为鱼、虾、蟹、贝等。
鱼类有海水鱼和淡水鱼之分，海
水鱼又可分为深海鱼和浅海鱼。

鱼类的
营养价值

鱼类含有人体必需的各种氨基酸，其中亮氨酸和赖氨酸含量尤其丰富，但色氨酸含量较低。

鱼类脂肪较少，多为不饱和脂肪，是视网膜、脑发育的重要物质。

鱼类中钙、钠、氯、钾、镁含量丰富。海水鱼类含碘丰富，含锌、铁、硒也较丰富。

鱼类肝脏是维生素 A 和维生素 D 的重要来源，也是维生素 B_2 的良好来源，维生素 E、维生素 B_1 和烟酸的含量也较高，但几乎不含维生素 C。

小学低年级版

水产品的食用安全

不要食用腐败变质的水产品，如死蟹、死甲鱼等。

不要拼死吃河鲀。

不要食用鱼胆。

水产类主要存在的食品安全问题：微生物作用导致的腐败变质、重金属污染、农药污染、寄生虫病。

鱼肉与健康的关系

多食鱼肉可降低心·血管疾病的发病风险；降低脑卒中的发病风险。

上海市中小学校园食品安全读本

蛋类
及其制品

蛋类的营养价值

蛋类蛋白质的组成与人体需要最为接近，是优质的蛋白质来源。

蛋黄富含卵磷脂，能促进脂溶性维生素的吸收。

蛋黄中的矿物质含量丰富，其中以磷、钙、钾、钠含量较多。蛋清中矿物质含量极低。

蛋类维生素含量较为丰富，而且种类较为齐全，包括所有的 B 族维生素、维生素 A、维生素 D、维生素 E、维生素 K 和微量的维生素 C。绝大部分的维生素都集中在蛋黄内。

蛋类的食用安全

不吃生鸡蛋，不喝生蛋清，不弃蛋黄。

打蛋前应先将蛋壳洗净并消毒，工具容器也应消毒。

蛋类主要存在的食品安全问题：微生物污染、不正确地使用抗生素和激素。

蛋类与健康的关系

每周摄入 3~4 个鸡蛋不会对血清胆固醇水平有影响；与心血管疾病的发病风险也无关。

乳类
及其制品

认识乳制品

乳制品主要包括奶粉、酸奶、炼乳、复合奶、奶油、奶酪、含乳饮料等。

乳饮料、乳酸菌类饮品、乳酸饮料等的主要原料为水和牛乳，严格来说不属于乳制品范畴。

小学低年级版

乳类及其制品的营养价值

    乳类及其制品几乎含有人体所需的所有营养素，是各年龄段人群的理想食品。

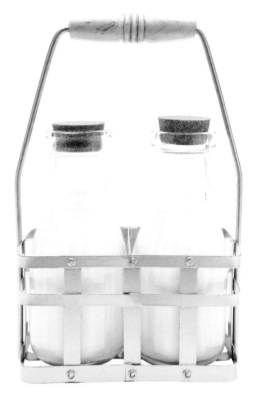

牛奶的营养

　　牛奶中蛋白质含量丰富，是优质蛋白质的食物源之一。牛奶还含有人体所需的各种维生素，包括维生素 A、维生素 D、维生素 E、维生素 K、B 族维生素和微量的维生素 C。乳类及其制品还是钙摄入的良好来源。

乳制品的营养

因加工工艺的不同，乳制品的营养素含量有很大差异，可根据营养成分表选择适合自己的产品。

一般全脂奶粉的营养素含量约为鲜奶的 8 倍；脱脂奶粉适合需要低脂膳食的人群食用；配方奶粉参照人乳的组成模式和特点，对牛奶的营养组成成分加以适当调整和改善。

乳糖不耐受者可食用酸奶或奶酪来补充乳制品摄入不足。

乳类及其制品的食用安全

　　刚刚挤出的生牛奶不宜食用，可购买巴氏杀菌乳饮用。

　　巴氏杀菌乳需保存在 0℃~ 4℃的环境中，购买时应注意存放环境，买回家后需及时放入冰箱冷藏，在保质期内喝完。

　　如果发现巴氏杀菌乳有发黄、结块、分层等现象则不宜饮用。

　　利乐包装的牛奶如果发现鼓包现象也不宜饮用。

　　乳类及其制品主要存在的食品安全问题：微生物污染、人畜共患传染病、有毒有害物质的残留、抗生素残留、掺杂掺假。

乳糖不耐受怎么办?

首选酸奶或低乳糖奶产品,如低乳糖牛奶、酸奶、奶酪等。也可通过查看产品的标签,了解乳糖的含量高低。

少量多次,并与其他谷物食物同食,不空腹饮奶。

奶类与健康的关系

奶类是各年龄组健康人群及特殊人群(婴幼儿、老年人、病人等)的理想食品。

酸奶可改善乳糖不耐症状、缓解便秘、辅助改善幽门螺杆菌的根除率。

"食物相克"是真的么?

在营养学和食品安全理论中,并没有"食物相克"之说。所谓"食物相克"的理由,一是认为食物含有大量草酸、鞣酸,与钙结合影响营养吸收,比如菠菜和豆腐;二是认为与食物间发生化学反应有关,如虾和水果,认为虾中的五价砷和水果中的维生素C发生化学反应,可生成三氧化二砷(砒霜)而引起中毒,但要达到中毒剂量,食品食用量要大得惊人。

第四章

食品安全常识

食物中毒

食物中毒的特征

潜伏期短：一般食后几分钟到几个小时发病。

胃肠道症状：腹泻、腹痛，有的伴随呕吐、发热。

提高自我救护意识：怀疑是食物中毒时，应及时报告老师或家长，禁止再食用可疑有毒食物，及时到医院就诊进行催吐、洗胃。

预防食物中毒的发生

不吃未洗净、未消毒过的可生食的食物；使用清洁卫生的餐具；食品在食用前要充分加热；不在小摊小贩处购买食品；不随意吃自然环境中生的食物；饭前便后勤洗手；谨慎选购包装食品，认真查看基本标识，厂家厂址、电话、生产日期是否标示清楚。

发生食物中毒时，我们应该怎么办？

立即停止食用可疑中毒食品。

可使用紧急催吐方法尽快排出毒物，如用筷子或手指刺激咽部帮助催吐。

尽快将中毒病人送往就近医院诊治。

保留导致中毒的可疑食品以及病人吐泻物，保护好现场，并及时向当地行政部门报告并协助调查处理。

食品安全监督公示
FOOD SAFETY INSPECTION NOTIFICATION

😊 良好 EXCELLENT
😐 一般 PASS
☹ 较差 FAIL

监督检查结果
Inspection Results

食品安全投诉电话:
Food Safety Complaint Hotline

上海市食品药品监督管理局
Shanghai Food and Drug Administration

上海市中小学校园食品安全读本

在外就餐看"笑脸"

　　在餐馆就餐时,应该找有"食品安全监督公示牌"的餐馆就餐,公示牌显示绿色笑脸,代表餐馆的卫生状况良好,可安心就餐。

　　当遇到食品安全问题时,可拨打全国统一投诉举报热线"12331"进行投诉举报。

读懂食品标签

在预包装食品外包装上的食品标签通常标注了食品的生产日期、保质期、配料、质量等级等，可以告诉消费者食物是否新鲜、产品特点、营养信息。预包装食品配料表或者标签上的过敏原信息，对既往有食物过敏史的消费者也很重要，购买预包装食品时应注意相关信息。

1. 日期信息：包括生产日期和保质期两个方面。购买时尽量选择生产日期较近的，不购买超过保质期的食品。

2. 储存条件：看食物是否在标示的储存条件下存放，如要求冷藏的却放在常温下，这种食品最好不要购买。

3. 配料表：了解食品的主要原料、鉴别食品属性的重要途径。所有使用的添加剂种类必须在配料表中标示出来，购买选择时应予以关注。

4. 营养标签：标签上的"营养成分表"显示该食物所含的能量、蛋白质、脂肪、碳水化合物、钠等食物营养基本信息，有助于了解食品的营养组分和特征。购买食品看标签，是科学选择适宜自己食品的好帮手。

有机食品

　　有机食品是指来自于有机农业生产体系，根据国际有机农业生产要求和相应的标准生产加工的，通过独立的有机食品认证机构认证的食品。

　　有机食品生产过程中不得使用化学合成的农药、化肥、生长调节剂、饲料添加剂，以及基因工程生物及其产物。

绿色食品

绿色食品是指产自优良生态环境、按照绿色食品标准生产、实行全程质量控制并获得绿色食品标志使用权的安全、优质食用农产品及相关产品。

绿色食品在生产过程中允许使用农药和化肥，但对用量和残留量的规定通常比无公害食品标准要严格。

肥料

农药

产地环境

无公害食品

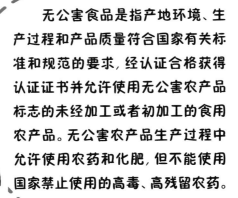

无公害食品是指产地环境、生产过程和产品质量符合国家有关标准和规范的要求，经认证合格获得认证证书并允许使用无公害农产品标志的未经加工或者初加工的食用农产品。无公害农产品生产过程中允许使用农药和化肥，但不能使用国家禁止使用的高毒、高残留农药。

食品安全五要点

保持清洁

拿食品前要洗手，准备食品期间也要经常洗手。

便后洗手，清洗和消毒用于准备食品的所有场所和用具。

避免虫、鼠及其他动物进入厨房和接近食物。

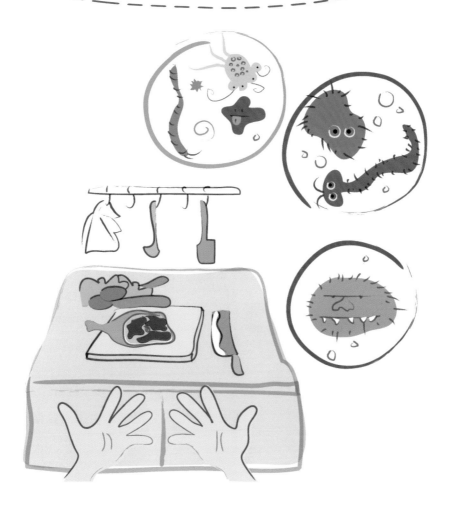

生熟分开

生的肉、禽和水产品要与其他食物分开。

处理生的食物要有专用的设备和用具。

使用器皿储存食物，以避免生熟食物互相接触。

烧熟煮透

食物要彻底烧熟，尤其是肉、禽、蛋和水产品。

汤、煲食物要煮开，以确保至少达到 70℃（因存在地区差异）。

最好使用温度计。

肉类和禽类的汁水不能是淡红色的。

熟食再次加热要彻底。

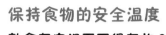

保持食物的安全温度

熟食在室温下不得存放 2 个小时以上。

所有熟食和易腐烂的食物应及时冷藏（最好在 5℃以下）。

熟食在食用前温度应保持60℃以上。

冷冻食物不要在室温下解冻。

Danger zone!

60 ℃

5 ℃

使用安全的水和原材料

使用安全的水。

挑选新鲜和有益健康的食物。

选择经过安全加工的食物。

水果和蔬菜要洗干净，尤其是在生食之前。

不吃超过保质期的食物。

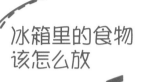

冰箱里的食物该怎么放

4℃以下

肉类和水产品
煮前彻底化冻

保鲜袋
密封
熟上生下

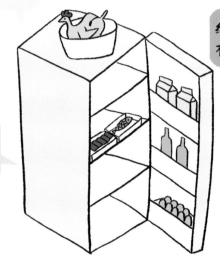

经化冻的肉类和鱼
不宜冰箱再存

食用前应
充分加热

冰箱内温度应保持在4℃以下。

放在冰箱内的食物在食用前应充分加热,防止发生食物中毒。

防止生熟交叉及食物"串味",应用保鲜袋或保鲜纸将食物密封后置于冰箱内保存,应熟在上,生在下。

冰冻的肉类和水产品在烹调前应彻底解冻,再充分加热煮透。

经化冻的肉类和鱼等不宜再次放入冰箱保存,因为化冻过程中食物可能受污染,细菌会迅速繁殖。

保鲜袋

剩余食物的存放及处理

食物煮熟后应及时进食，切勿让煮熟的食物置于室温超过 2 个小时。

尽量把剩余的食物冷却，并在 2 小时内放进冰箱。

煮熟的食物若未及时进食，在食用前应储存在 60℃以上或再次加热。

剩余的食物保存在冰箱冷藏柜中不应超过 3 天。

进食剩余的隔顿或隔夜食物前，应彻底加热至滚烫，且不应多次加热。

切过的熟食应及时食用，未切过的剩余熟食要冷藏，再次食用前要彻底加热处理。

小学低年级版

能量需要量

人群	EER (kcal/d)*		AMDR				RNI	
							蛋白质（g/d）	
	男	女	总碳水化合物	添加糖（%E）	总脂肪（%E）	饱和脂肪酸 U-AMDR（%E）	男	女
6 岁	1400	1250	50~65	<10	20~30	<8	35	35
7 岁	1500	1350	50~65	<10	20~30	<8	40	40
8 岁	1650	1450	50~65	<10	20~30	<8	40	40
9 岁	1750	1550	50~65	<10	20~30	<8	45	45
10 岁	1800	1650	50~65	<10	20~30	<8	50	50
11 岁	2050	1800	50~65	<10	20~30	<8	60	55

说明

EER
小学生膳食能量需要量

AMDR
宏量营养素可接受范围

RNI
蛋白质参考摄入量

附录二
微量元素摄入量

人群		4 岁~	7 岁~	11～14 岁
钙 (mg/d)	RNI	800	1000	1200
磷 (mg/d)	RNI	350	470	640
钾 (mg/d)	AI	1200	1500	1900
钠 (mg/d)	AI	900	1200	1400
镁 (mg/d)	RNI	160	220	300
氯 (mg/d)	RNI	1400	1900	2200
铁 (mg/d)	AI 男	10	13	15
	女			18
碘 (mg/d)	RNI	90	90	110
锌 (mg/d)	RNI 男	5.5	7	10
	女			9
硒 (mg/d)	RNI	30	40	55
铜 (mg/d)	RNI	0.4	0.5	0.7
氟 (mg/d)	AI	0.7	1	1.3
铬 (mg/d)	AI	20	25	30
锰 (mg/d)	AI	2	3	4
钼 (mg/d)	RNI	50	65	90

小学低年级版

说明

RNI
小学生微量元素推荐摄入量

AI
适宜摄入量

附录三
维生素摄入量

维生素	单位	摄入量类别		4 岁~	7 岁~	11~14 岁
维生素 A	μgRAE/d	RNI	男	360	500	670
			女			730
维生素 D	μg/d	RNI		10	10	10
维生素 E	mgα-TE/d	AI		7	9	13
维生素 K	μg/d	AI		40	50	70
维生素 B1	mg/d	RNI	男	0.8	1	1.3
			女			1.1
维生素 B2	mg/d	RNI	男	0.7	1	1.3
			女			1.1
维生素 B6	μg/d	RNI		0.7	1	1.3
维生素 B12	μg/d	RNI		1.2	1.6	2.1
泛酸	mg/d	RNI		5.5	7	10
叶酸	μgDFE/d	RNI		190	250	350
烟酸	mgNE/d	RNI	男	8	11	14
			女		10	12
胆碱	mg/d	AI	男	250	300	400
			女			

说明

RNI
小学生微量元素推荐摄入量

AI
适宜摄入量

上海市中小学校园食品安全读本

中国居民膳食指南图示

1. 中国居民平衡膳食宝塔

中国好营养微信公众号　中国营养学会官网
http://www.cnsoc.org

每天活动6000步

| 盐 | <6克 |
| 油 | 25~30克 |

| 奶及奶制品 | 300克 |
| 大豆及坚果类 | 25~35克 |

畜禽肉	40~75克
水产品	40~75克
蛋　类	40~50克

| 蔬菜类 | 300~500克 |
| 水果类 | 200~350克 |

谷薯类	250~400克
全谷物和杂豆	50~150克
薯类	50~100克

| 水 | 1500~1700毫升 |

2. 中国居民平衡膳食餐盘

来源: 中国营养学会 . 中国居民膳食指南 2016 [M]. 北京: 人民卫生出版社, 2016 : 276.

3. 中国儿童平衡膳食算盘

资料来源: 中国营养学会 . 中国居民膳食指南（2016)[M]. 北京: 人民卫生出版社, 2016 : 278.

上海市中小学校园食品安全读本

附录五
学龄儿童青少年超重与肥胖筛查

中华人民共和国卫生行业标准《学龄儿童青少年超重与肥胖筛查》，2018年2月23日由国家卫生和计划生育委员会发布，于2018年8月1日起实施。

该标准适用于对我国所有地区各民族的6~18岁学龄儿童青少年开展超重与肥胖的筛查。

体质指数（BMI）是用于评估超重或肥胖的指标。BMI计算公式：

$$BMI = \frac{体重（kg）}{[身高（m）]^2}$$

超重与肥胖的判断

使用右表界值进行超重判断：凡BMI大于或等于相应性别、年龄组"超重"界值点且小于"肥胖"界值点者为超重。

使用右表界值进行肥胖判断：凡BMI大于或等于相应性别、年龄组"肥胖"界值点者为肥胖。

6-18岁学龄儿童青少年性别、年龄组BMI筛查超重与肥胖界值

单位：kg/m²

年龄（岁）	男生 BMI		女生 BMI	
	超重	肥胖	超重	肥胖
6.0 ~	16.4	17.7	16.2	17.5
6.5 ~	16.7	18.1	16.5	18.0
7.0 ~	17.0	18.7	16.8	18.5
7.5 ~	17.4	19.2	17.2	19.0
8.0 ~	17.8	19.7	17.6	19.4
8.5 ~	18.1	20.3	18.1	19.9
9.0 ~	18.5	20.8	18.5	20.4
9.5 ~	18.9	21.4	19.0	21.0
10.0 ~	19.2	21.9	19.5	21.5
10.5 ~	19.6	22.5	20.0	22.1
11.0 ~	19.9	23.0	20.5	22.7
11.5 ~	20.3	23.6	21.1	23.3
12.0 ~	20.7	24.1	21.5	23.9
12.5 ~	21.0	24.7	21.9	24.5
13.0 ~	21.4	25.2	22.2	25.0
13.5 ~	21.9	25.7	22.6	25.6
14.0 ~	22.3	26.1	22.8	25.9
14.5 ~	22.6	26.4	23.0	26.3
15.0 ~	22.9	26.6	23.2	26.6
15.5 ~	23.1	26.9	23.4	26.9
16.0 ~	23.3	27.1	23.6	27.1
16.5 ~	23.5	27.4	23.7	27.4
17.0 ~	23.7	27.6	23.8	27.6
17.5 ~	23.8	27.8	23.9	27.8
18.0 ~	24.0	28.0	24.0	28.0

小学低年级版

上海市食品药品科普站

食品安全投诉举报热线 12331

七宝市场监督管理所科普站内景

买来的菜不放心？
去上海市食品药品科普站一验便知

为了进一步宣传食品安全知识，建设市民满意的食品安全城市，上海市食品药品监督管理局今年将在农贸市场、基层市场监管所等百姓家门口建约10家食品药品安全科普教育基地。目前，由上海市食品研究所承建的3家示范点已投入运营。

此前，部分基层市场监管所已建设了可对市民开放的快检站，只要提前预约，就能在家门口搞清楚自己购买的食品有没有安全风险。在闵行区七宝市场监管所，市民可以送样检测重金属、食品添加剂、非法添加物质、农药残留、微生物等七大类共65个项目。

去年，七宝市场监管所在快检站的基础上又增加了科普站功能，包含阅读区、展示区、互动体验区和现场服务区。有供免费阅读的食品药品安全宣传材料和生动形象

地址：上海市闵行区吴宝路29号

的食品样本，还有两台多功能互动触摸屏。通过点击屏幕，周边居民不仅可以在线支付公共事业费、为手机充值，还可以参与有奖答题，随时查阅上海餐饮服务单位的"脸谱"信息、相关食品追溯信息、食品药品安全常识，在线投诉、曝光涉嫌违法的食品药品经营行为。

2016～2018 年上海市食药监局与各区市场监管局联合建设标准化科普站一览表
（截至 2018 年 6 月）

序号	所在区	地址	序号	所在区	地址
1	浦东新区	益海嘉里油脂有限公司 高东路 118 号	8	普陀区	北石路 540 弄 25 号
2	浦东新区	南码头农贸市场 兰陵路 48 号	9	虹口区	吴淞路 669 号
3	浦东新区	川周公路 4125 号	10	杨浦区	殷行路 1388 弄悠方购物公园 B1 层盒马鲜生超市
4	闵行区	七宝市场所 吴宝路 29 号	11	杨浦区	延吉东路 105 号 4 楼
5	黄浦区	新昌路 455 弄 20 号 （山海关路 153 号对面）	12	嘉定区	南翔镇陈翔路 2288 弄 248 号
6	静安区	武定路 52 号	13	金山区	朱枫公路 9135 号
7	徐汇区	凌云新村 82 号甲	14	松江区	人民南路 68 号

资料来源：上海市食品药品监督管理局新闻宣传处